OUVRAGE POSTHUME

D'AGRICULTURE.

OUVRAGE POSTHUME

D'AGRICULTURE,

OU

CONDUITE PRATIQUE D'UN DOMAINE,

SOIT DANS LE TERRE-FORT,

SOIT DANS LA BOULBÈNE,

Par TISSINIÉ,

De Grenade-Saint-Bernard (Haute-Garonne).

Expérience
passe science.

TOULOUSE,

IMPRIMERIE DE L. CHAPELLE, PETITE RUE ST.-ROME, 1.

1851.

NOTICE DE L'ÉDITEUR.

L'auteur de cet opuscule termina fatalement sa carrière, par une grave chute, à l'âge de 85 ans, le 3 janvier 1847. Il fut universellement regretté dans son pays, car c'était un homme de bien, qui a laissé à sa famille le précieux héritage d'une vie pure et sans tache.

La nature l'avait doué d'un esprit juste, réfléchi, observateur, et dès sa jeunesse, il s'était livré tout entier, avec ses seules ressources naturelles, à l'étude spéculative de l'agriculture. Il était né d'un riche cultivateur du canton de Grenade, et il n'avait lui-même d'autre occupation que la culture de la terre.

Il ne se borna pas à de stériles observations, mais il les traduisit en pratique, et les sanctionna par l'expérience.

Sa réputation, bien méritée, d'agriculteur habile, se répandit bientôt au loin, et l'on vit de nombreux propriétaires venir auprès de lui, puiser des conseils salutaires pour la conduite de leurs domaines.

D'autres le sollicitèrent de se charger du soin de régir leurs biens, connaissant sa capacité sur ce point; et il devint en effet régisseur, ou *homme d'affaires*, chez de grands et riches propriétaires.

Plus tard, retiré chez lui, à Grenade, il était

encore appelé dans plusieurs endroits, pour fixer le prix des propriétés à vendre ou à acquérir, et il arrivait toujours que son appréciation, était la plus convenable dans l'intérêt de tous, tant il connaissait bien la nature et la valeur des terres.

Ce fut dans cette retraite, au sein de sa famille, et au milieu de ses amis, qu'il traça par écrit ses observations en agriculture. Malheureusement, après sa mort, plusieurs pages de son manuscrit furent égarées, mais d'autre part, je suis heureux de pouvoir dire, que je ne tarderai pas à les découvrir. Des indices certains m'autorisent à présent à l'annoncer avec confiance.

L'auteur m'a souvent répété que cette portion de son œuvre était celle où il attachait le plus de prix ; elle renfermait, ajoutait-il, des théories encore ignorées, et faciles pourtant à mettre en pratique ; il les regardait surtout comme propres à faciliter toutes sortes d'améliorations, et à rendre par conséquent les propriétés beaucoup plus riches et plus agréables.

J'espère bientôt qu'il me sera donné d'en faire part au public, dans un second opuscule. Ce sera là le complément de l'ouvrage.

Je lui offre, en attendant, cette première partie, et si elle est bien accueillie, je serai encouragé à faire publier la seconde.

Louis CORDES.

PRÉFACE.

Dans tous les temps des hommes de génie ont écrit sur l'agriculture, et néanmoins il a fallu arriver à l'époque actuelle pour porter cet art, le premier de tous, à ce degré de perfection qui le caractèrise. Bien plus, les bons principes se sont répandus avec une étonnante rapidité, fait immense qu'on ne peut attribuer qu'à ce pêle-mêle de tant d'hommes, mis en mouvement par la révolution de 1789. L'être suprême avait marqué l'heure où toutes les industries acquerraient en France un développement inattendu.

Cependant l'agriculture perfectionnée est encore trop peu répandue; cela tient d'un côté à la tendance de certains esprits qui repoussent les innovations, et d'un autre côté à ce qu'une foule d'industries ont détourné les hommes d'application de se diriger vers la culture de la terre. Or, il n'y a que l'expérience qui puisse donner à l'agriculture l'élan qui lui est nécessaire pour s'élever au niveau des autres arts.

De grands écrivains mettent tous les jours en lumière des théories brillantes. Je remercie le ciel de m'avoir accordé l'esprit d'observation nécessaire, pour profiter de ce que j'ai vu pratiquer dans différents pays, de ce que j'ai fait moi-même, et d'en tirer les conséquences pratiques que j'expose dans cet écrit. Elles sont basées sur une expérience de soixante années. C'est là leur meilleure recommandation; car j'estime que la théorie sans la pratique, non seulement ne peut produire de bons résultats, mais doit souvent égarer.

Je sais combien peu d'agriculteurs seront disposés, tout d'abord, à abandonner les anciennes habitudes léguées par leurs pères;

mais j'espère que la lecture et la méditation de cet écrit les feront changer d'avis, et qu'après l'avoir bien compris, ils voudront essayer de pratiquer les recommandations que j'y donne, dans l'espoir d'obtenir de leurs domaines des revenus beaucoup plus considérables.

Qu'ils se persuadent bien d'avance, qu'en mettant en usage les moyens si simples, si faciles que j'indique, ils doubleront après quatre années, dans les bonnes terres, leurs revenus, qui s'augmenteront tous les ans jusqu'à la dixième année. Après ce laps de temps, tout le domaine aura subi une véritable transformation, par l'effet du séjour des prairies artificielles, et de la grande quantité de fumier qu'on lui aura fourni.

Ces vérités, rendues, pour ainsi dire, palpables, dans ce petit livre, étonneront pourtant bien de gens ; mais qu'ils veuillent réfléchir sur tout ce qui se passe autour d'eux, et qu'ils me disent s'ils auraient cru, il y a cinquante ans, à toutes les merveilles de l'époque actuelle : à l'éclairage au gaz, aux chemins de fer, etc... qu'ils aient donc confiance dans les nouveaux procédés de l'agriculture moderne, et l'on verra bientôt les fortunes privées, et par suite la fortune publique, s'élever à un degré de prospérité inattendu.

Tels sont les vœux que j'ai toujours formés, et c'est pour concourir à leur réalisation, que je me suis décidé à mettre au jour un livre tout pratique, propre à éclairer les agriculteurs de mon pays, et à les diriger dans la voie des améliorations.

En effet, chaque pays, chaque qualité de terres, doit avoir ses pratiques particulières ; ce qui est bon et convenable dans le nord, n'est pas applicable dans le midi ; ce qui réussit dans les terres fortes, argileuses, fait défaut dans les boulbènes ; il en est ainsi de beaucoup d'autres effets locaux ; voilà pourquoi il importe d'avoir recours à des expériences faites dans la contrée, avant d'établir des théories générales, plutôt propres à égarer qu'à diriger.

J'ai donné à cet écrit la forme la plus simple, car je le destine à toutes sortes de lecteurs. J'espère que chacun pourra y puiser de bons conseils, et s'il réveille parmi mes compatriotes le goût des innovations utiles, j'aurai obtenu la plus douce des récompenses.

DE LA
CONDUITE PRATIQUE
D'UN DOMAINE,

SOIT DANS LE TERRE-FORT,
SOIT DANS LA BOULBÈNE.

CHAPITRE PREMIER.

Culture du Terre-fort.

§ I. — *Ancienne administration.*

Afin de mieux faire comprendre les grands avantages que les propriétaires pourront retirer du système d'économie rurale que je propose, j'établirai tout d'abord une comparaison entre l'ancien mode de culture, suivi dans notre pays, à l'aide de colons partiaires, et celui qu'on doit, selon moi, mettre en usage.

Soit un domaine de 100 arpents (56 hectares 90 ares) de terre à blé et à maïs, que l'on partageait, d'après l'ancien système, en deux soles de 50 arpents (28 hectares 45 ares) pour chacune des deux cultures, en remplaçant souvent une portion de maïs par d'autres récoltes sarclées, comme les fèves, par exemple.

Le produit en grains de la première sole, celle du blé, était, année commune, tous frais de récolte et de semaille défalqués, de 300 hectolitres, moitié pour le colon partiaire, et moitié pour le propriétaire du fonds.

Ces 150 hectolitres de blé, à 15 fr. l'un, donnaient une somme de deux mille deux cent cinquante fr.   2,250

Le produit en grains de la sole cultivée en maïs, était de 10 hectolitres par arpent (56 ares 90 centiares), quittes de tous frais, ce qui l'élevait à 500 hectolitres, dont moitié pour le colon partiaire, et moitié pour le propriétaire.

Les 250 hectolitres de maïs, à 8 fr. l'un, produisaient la somme de deux mille francs.   2,000

§ II. — *Nouvelle administration.*

Le même domaine, administré d'après le mode que nous allons indiquer, donnera au propriétaire des fonds, des revenus plus que doubles de ceux que

l'on en obtenait, en suivant l'usage im-
mémorial de nos pères.

Au lieu de le diviser en deux soles
seulement, nous y établirons la rotation suivante, composée de quatre soles de 25 arpents chacune (14 hectares
22 ares 50 centiares) :

Première sole : elle comprendra 25
arpents (14 hectares 22 ares 50 centiares) cultivés en prairies artificielles.
On consacrera à la culture de la grande luzerne (sainfoin du pays) les terres situées dans les bas-fonds, et toutes celles dont le sol a une grande
profondeur, sans trop d'humidité. Lès
parties élevées du domaine dont la nature est calcaire, marneuse ou sa-
bleuse, et dont la couche arable a
peu de profondeur, seront réservées
pour le *sainfoin* ou esparcette (la lu-

zerne du pays). Chaque arpent (56 ares 90 centiares) donnera tous les ans 100 quintaux (5000 kilogrammes) de fourrage sec qui, multipliés par 25, élèveront le produit du foin à 2500 quintaux (125,000 kilogr.). Ces 2,500 quintaux vendus à 2 fr. l'un donneront un revenu de cinq mille fr.   5,000

Deuxième sole : elle sera composée de 25 arpents (14 hectares 22 ares 50 centiares), cultivés en blé, donnant un produit en grains de 10 hectolitres, quitte de tous frais, par arpent (56 ares 90 centiares), ce qui produira un résultat de 250 hectolitres, moitié pour le colon partiaire, et moitié pour le propriétaire.

Les 125 hectolitres de blé à 15 fr. l'un, fourniront une somme de mille huit cent soixante-quinze fr.   1,875

Troisième sole : elle comprendra aussi 25 arpents (14 hectares 22 ares 50 centiares), cultivés en maïs; chaque arpent (56 ares 90 centiares) donnera, quitte de tous frais, 14 hectolitres de grains, par conséquent 350 hectolitres, dont moitié pour le colon partiaire, et moitié pour le propriétaire.

Or les 175 hectolitres devenus la part du propriétaire, et vendus à raison de 8 fr. l'hectolitre, rapporteront mille quatre cents francs. .   1,400

Quatrième sole : les derniers 25 arpents (14 hectares 22 ares 50 centiares) resteront en jachère, mais ils pourront aussi recevoir quelques récoltes sarclées.

Il est incontestable que l'assolement

nouveau sera infiniment plus productif que l'assolement biennal ancien,
ce qui résultera de l'amélioration des
terres par l'introduction de la luzerne
et de l'esparcette qui enrichiront le sol
de leurs dépouilles, ainsi que de la
grande quantité de fumier que l'on
aura à sa disposition.

En résultat, le nouveau mode d'administration donne un revenu total de
huit mille deux cent soixante-quinze
francs. 8,275

L'ancien mode d'adminis-
tration ne donnait qu'un revenu de quatre mille deux
cent cinquante francs. . . 4,250

La différence en plus du
revenu de la nouvelle administration est donc de quatre
mille vingt-cinq francs. . . 4,025

en ne tenant compte que du produit du froment et du maïs, et mettant de côté la bonification des terres,
résultant de la culture des prairies artificielles, dont les récoltes en foin
permettent en outre à l'élève l'engraissement du bétail.

Nous devons entrer maintenant
dans quelques détails d'agriculture
pratique, nécessaires pour retirer le
meilleur parti du système que nous
proposons.

C'est ainsi qu'après la récolte du
blé, on pourra préparer, sur les 25

arpents (14 hectares 22 ares 50 centiares) que l'on consacrera à cette
céréale, 15 arpents (8 hectares 53
centiares) que l'on cultivera en colza,
en prenant le soin d'espacer les plans
à 4 empans (90 centimètres) de distance, les lignes étant placées à 7
empans (1 mètre 57 centimètres 50),
afin de pouvoir donner les façons à
la charrue, dans le but de favoriser
le développement du colza, et d'entretenir le sol net de toutes les plantes étrangères qui viendraient le salir.

Le colza, bien soigné, donnera de
produit en graine, 10 hectolitres par
arpent (56 ares 90 centiares), ce qui
pour les 15 arpents (8 hectares 53
centiares) s'élèvera à 150 hectolitres
qui, vendus à 20 fr. l'un, donneront
trois mille fr.   3,000

Il faudra déduire de cette
somme mille fr.   1,000
pour frais d'arrachage, de
transplantation, de sarclages
et d'égrenage. Il restera
donc de net pour le propriétaire deux mille fr. . . .   2,000
Total. . .   6,000

Il faut prendre quelques précautions
pour établir d'une manière convenable les prairies artificielles. Ainsi avant
de cultiver la luzerne sur un champ,
il faut y apporter de quinze à vingt
charretées de fumier par arpent (56
ares 90 centiares), en choisissant le
fumier bien consommé ou des terraux.
Cette opération importante doit être
pratiquée avant de donner la première

façon; après chaque façon qui aura pour but d'approfondir le sol et de l'ameublir avec beaucoup de soin, il faudra écraser les mottes, soit avec la herse, soit avec le rouleau à pointes de fer, ou même à la main, afin d'obtenir l'émiettement le plus complet à la surface. On donnera trois façons. Le premier labour qui détermine la profondeur devra être porté à 15, 20 pouces (42 centimètres, 56 centimètres). On pourra y employer la charrue de M. Lacroix, par exemple, en y attelant deux paires de bœufs. Afin de disposer le sol à un ameublissement plus facile, on labourera à petites raies.

Le défoncement fait par des ouvriers à la bêche ou à la houe, ne couterait pas d'avantage, serait mieux fait et plus profitable.

Pour être assuré de la réussite dè
la luzerne, il faut la semer dans le
mois d'avril et seule, c'est-à-dire, sans
jeter la graine sur une autre céréale,
comme on le fait souvent.

Quand la luzerne commence à
vieillir elle diminue de plus en plus
en produits. Il faudra alors en opérer
le défrichement. A la suite du défrichement le sol de la luzernière donnera pendant plusieurs années d'abondantes récoltes, sans avoir besoin de
recourir au fumier.

Mais un an avant de procéder au
défrichement de la luzernière, il faudra en établir ailleurs une autre, sur
une contenance égale, pour avoir toujours la même quantité de fourrage,
et entretenir un nombre égal d'animaux.

Nous démontrerons, plus bas, qu'après quatre retours bien réglés, toutes les terres du domaine, propres à la luzerne, auront été occupées par cette légumineuse, d'où il résultera que toutes ces terres seront bonifiées, au point de donner des récoltes doubles, de celles des céréales ordinaires, sans avoir à redouter les éventualités les plus communes, comme les effets du brouillard, et l'invasion des mauvaises herbes.

Quant à la portion du terrain applicable à la culture de l'esparcette, le défrichement aura lieu après quatre à cinq ans, et à la suite du défrichement, elle donne aussi de belles récoltes.

On suivra pour l'esparcette le conseil que nous avons déjà donné, c'est-à-dire, que dans l'année qui précèdera le défrichement, on établira ailleurs sur un terrain convenable, une prairie artificielle de la même nature, et ayant la même contenance.

On sèmera l'esparcette avec le blé au mois d'octobre; on ne perd pas ainsi de récolte de blé en suivant cette méthode, et toutes les terres du domaine qui conviennent à l'esparcette, auront été occupées par cette plante, après quatre retours.

Quant aux prairies naturelles qui ne sont pas trop exposées aux débordements des cours d'eau qui les avoisinent, on devrait les rompre après douze années de durée, et les cultiver en céréales, pendant deux ou trois ans. Ce moyen suffit pour faire disparaître les mousses qui les ont envahies, et qui empêchent la production du foin ; après deux ou trois ans on peut y cultiver la luzerne , qui donnera de beaux résultats, et, à la suite de celle-ci, y rétablir les prairies naturelles.

Dans le terre-fort, les semailles de blé doivent être terminées au 10 novembre au plus tard, pour éviter que le brouillard de la Saint-Jean ne soit préjudiciable au blé ; car à cette époque, si le blé est hâtif, le grain est déjà formé, et le brouillard ne peut lui être défavorable ; si au contraire le grain se trouve à l'état de *lait* dans son intérieur, le brouillard le réduit presque à rien, et non seulement le grain avorte, mais les pailles ne sont bonnes qu'à être employés en litière.

Le blé consacré aux semailles doit

être changé de trois ans en trois ans;
on choisit, suivant les terres, différentes qualités; un soin que l'on ne
doit pas négliger, c'est celui de prendre le blé de *semence* dans une contrée, dont le sol soit inférieur à celui
auquel on le destine; on est assuré,
par ce moyen, d'en obtenir de très
bons effets. Pour entretenir la propreté dans les cultures de froment, il
faut sarcler les blés de bonne heure,
et avec beaucoup de soin.

La quantité de blé à employer pour
ensemencer les terres, est d'une
grande importance pour le succès :
l'on ne doit répandre au plus que
trois quarts d'hectolitre de blé par
arpent (56 ares 90 centiares), afin
qu'au printemps suivant, chaque pied
puisse taller, c'est-à-dire, pousser

plusieurs chaumes vigoureux. Ainsi convenablement espacés, ils seront exempts de verser, produiront de beaux épis, dont les grains seront bien nourris, et acquerront toutes les qualités recherchées sur les marchés.

En suivant la recommandation que nous donnons, de semer le blé avant le dix novembre, on évite les désagréments qui arrivent fréquemment, lorsque l'on procède trop tard aux semailles ; à cette époque les gelées sont quelquefois fortes, et nuisent au blé qui naît à peine, soit en le fesant périr, soit en affaiblissant celui qui résiste, mais qui ne donne qu'une médiocre récolte. Nous le répétons, ces mauvais effets n'arrivent que parce que le blé, n'a pas pu pousser de racines assez profondes, avant les premières gelées , ce qui est la cause ordinaire des pertes considérables que l'on éprouve.

Si nous passons aux fumures, nous trouverons qu'en suivant l'ancien système de culture , on répandait environ cent voyages de fumier , qui répartis sur 50 arpents (28 hectares 45 ares) de terre, se réduisaient à deux voyages par arpent (56 ares 90 centiares). C'était là , il faut l'avouer , un faible moyen d'entretenir la fécondité des sols, continuellement épuisés par des récoltes de céréales.

Mais avec le nouveau système, tout concourt à élever la production des fumiers , et on la portera à quatre cents voyages, qui seront répartis sur 25 arpents (14 hectares 22 ares 50 centiares) de terre, ce qui élève la proportion à seize voyages par arpent (56 ares 90 centiares) au lieu de deux. Dès lors la richesse du sol bien entretenu produit une fertilité qu'on ne pouvait espérer de lui faire obtenir, en suivant l'ancien mode d'exploitation. Ce but sera atteint après les quatre époques qui sont la base de notre assolement. On comprendra que les bienfaits de ce système augmenteront d'année en année, et après huit années de cette culture alterne, après avoir convenablement employé tous les fumiers produits sur le domaine, la terre aura acquis un prix considérable, en rapport avec les récoltes qu'elle produira.

La pratique des labours mérite de fixer notre attention ; on ne doit donner les façons à la terre, qu'en prenant les précautions suivantes : ne jamais faire entrer la charrue dans les champs qu'avec le beau temps ; il y a plus d'économie qu'on ne pense dans cette manière, parce que l'on est certain qu'un labour, fait en temps opportun, est toujours bien fait et très profitable. Comme l'on doit se proposer d'approfondir de plus en plus le sol, pour rendre les récoltes plus productives, il faut calculer convenablement cette pratique, et arriver peu à peu au but désiré, en labourant plus profondément d'un pouce (2 centimètres 8 millimètres) tous les ans, et en mêlant au sol nouvellement remué, une quantité suffisante de fumier, afin de lui donner la richesse qui lui manque. On ne fait pas mieux, tant s'en faut, en allant plus vite.

Si nous passons au bétail entretenu dans le domaine, nous constaterons qu'en suivant l'ancien système, l'exploitation marchera avec quatre paires de bœufs, tandis que, lorsque vous y aurez établi convenablement l'assolement nouveau, vous y entretiendrez hardiment douze paires de bœufs. Par ce développement donné au bétail, il sera aisé de donner aux terres les façons nécessaires, et même aux époques convenables, ce qui est essentiel, comme nous venons de le dire. En répétant les labours qui ameublissent le sol, on dispose favorablement celui-ci à être impressionné par les agents atmosphériques, et tout le monde sait combien cette action de l'aération est puissante sur les récoltes.

Sur notre domaine, on doit continuellement entretenir huit paires de bœufs pour servir aux travaux des champs, qui sont rendus par ce moyen, peu pénibles, ce qui permet en même temps d'engraisser les bœufs, ou tout au moins, de les placer dans un bon état, qui rend possible de les vendre avec profit. Ainsi chaque trois mois, on en vend quatre paires, en prenant soin de les remplacer aussitôt par un nombre égal de bœufs bien portants et presque maigres. En suivant cette sorte de rotation, on fait consommer tous les fourrages récoltés sur le domaine, et l'on obtient des produits considérables en fumier de bonne qualité. Mais en même temps, on produit de la viande et de la graisse qui élève de beaucoup le prix des fourrages, que nous avons déjà fixés à deux francs le quintal (50 kilogrammes) ; en les fesant consommer à l'étable on en retire cinq francs au moins, sans compter les fumiers obtenus.

La conduite du bétail telle que nous la proposons, nécessite quelques explications : pour nourrir huit paires de bœufs toute l'année, et en engraisser quatre paires chaque trimestre, il faut donner par jour 30 livres (15 kilogrammes) de foin à chaque bœuf, ce qui élève la somme des rations à 2 quintaux (100 kilogrammes). A 60 livres (30 kilogrammes) par jour, pour lés huit bœufs, il faudra 72 quintaux (3,600 kilogrammes) de foin, et pour l'année 864 quintaux (43,200 kilogrammes). Avec les foins, toutes les pailles provenant de l'exploitation seront consommées.

Quant à la méthode à suivre pour engraisser les quatre paires de bœufs par trimestre, on choisit toujours ceux de ces animaux qui sont en meilleure chair, et l'on obtient pendant le trimestre le complément de leur engraissement, en leur donnant les rations qui leur sont nécessaires. J'estime à trente francs par paire la valeur des fourrages ; l'engraissement des quatre paires coutera donc en trois mois, trois cent soixante fr.   360

Cette opération se renouvellera quatre fois dans le courant de l'année, ce qui élèvera le chiffre total de la dépense à mille quatre cent soixante francs.   1,460

Le fourrage ainsi dépensé en un an, 864 quintaux (43,200 kilogrammes), à 2

francs le quintal (50 kilogrammes), se portera à la
somme de mille sept cent
vingt-huit fr. 1,728

La dépense totale à trois
mille cent quatre-vingt-huit
francs. 3,188
Or, chaque paire de bœufs engrais-
sée fournira 300 francs de bénéfice ,
ce qui à la fin de l'année donne un
produit de quatre mille huit cents
francs. 4,800
Les bénéfices obtenus par l'engraissement de huit paires de bœufs, comme
il est ci-dessus expliqué, s'élèvent
donc à la somme de mille six cent
trente-deux fr. 1,632
Voilà donc une somme provenant
des fourrages récoltés sur le domaine,

et consacrés à engraisser des bœufs,
qui feront encore profiter les terres
des fumiers qu'ils auront produits.

Ce que nous venons de dire du bétail qu'il faudra entretenir sur le domaine, fait assez comprendre qu'il
faudra préalablement y disposer de
grandes écuries, établies de telle sorte
qu'on puisse à volonté y introduire de
l'air pendant les grandes chaleurs, et
les fermer exactement en hiver. Le
propriétaire devra aussi élever de spa-
cieux hangards, pour y remiser tous
les fourrages qui seront produits sur
le domaine.

Sur le même domaine on pourra
engraisser 150 moutons chaque trois
mois, en les nourrissant de la manière
suivante : achat de 150 moutons maigres, pesant 18 livres (9 kilogrammes)

chacun. Ils couteront 12 francs l'un,
ce qui fait une somme de mille huit
cents fr. 1,800

Pour les engraisser il faut à chacun
2 livres (1 kilogramme) de foin par
jour, une le matin et une le soir, en
rentrant des pâturages, ce qui fait
dans trois mois 270 quintaux (15,500
kilogrammes), qui à 2 francs le quintal (50 kilogrammes), se montent à
cinq cent quarante fr. . . 540

Plus pour obtenir leur engraissement à la fin du troisième mois, il
faut donner à chacun demi hectolitre
de maïs ou de fèves, ce qui fait 75
hectolitres, qui à 10 francs l'hectolitre, s'élèvent à sept cent cinquante
francs. 750

Achat ou dépenses, trois mille qua-
tre-vingt-dix fr. 3,090

Dans les trois mois, les 150 moutons seront gras, chacun pèsera 30 livres (15 kilogrammes), on les vendra 50 francs, ce qui fait une somme de quatre mille cinq cents fr.   4,500

Bénéfices pour trois mois, mille quatre cent dix fr. . . .   1,410

Les quatre ventes de l'année donneront une somme de cinq mille six cent quarante fr.   5,640

Frais d'un berger mille fr.   1,000

Reste quitte, quatre mille six cent quarante fr. . .   4,640

Sur le même domaine, on peut entretenir quatre juments poulinières qui donneront chaque année quatre mules que l'on vendra au prix de 250 francs chacune, ce qui fait mille francs.   1,000

Foin pour les nourrir pendant quatre mois, pour chacune 50 quintaux (2,500 kilogrammes). Les quatre font 200 quintaux (10,000 kilogrammes), à 2 francs le quintal (50 kilogrammes), quatre cents fr. 400

16 hectolitres d'avoine pour les quatre mois d'hiver à 8 francs l'hectolitre, cent vingt-huit fr. 128

Dépense, cinq cent vingt-huit fr. 528

Bénéfice, quatre cent soixante-douze fr. 472

On pourra entretenir aussi sur le même domaine, six cochons que l'on engraissera en leur fesant manger les fruits qui tombent des arbres ou qui se gatent après avoir été ramassés, et surtout avec le produit des pommes de terre que l'on cultivera sur une partie des 25 arpents (14 hectares 22 ares 50 centiares) laissés en repos. En retranchant l'achat des cochons et du son qu'on leur aura donné, il restera des bénéfices assurés, s'élevant pour chacun à la somme de 50 francs, ce qui fait un total de trois cents francs, ci. 300

L'établissement d'un beau pigeonnier bien entretenu donnera chaque année un revenu de 150 francs, sans compter les pigeons consacrés au service de la maison, et la colombine qui est un précieux fumier.

Il résulte des calculs que nous venons d'établir que la nouvelle administration du domaine donne trois quarts de revenu de plus que l'ancienne, treize mille soixante-neuf francs. 13,069

Sur la même propriété, on pourra planter 25 noyers, ce qui fait un noyer par quatre arpents; les noix qu'ils porteront plus tard, peuvent être évalués pour chacun à dix francs au moins, dont je ne tiens pas compte.

L'on plantera une quantité considérable d'arbres à fruit à l'entour des maisons et du vivier; celui-ci sera soigneusement établi pour servir d'abord d'abreuvoir aux bestiaux, et ensuite pour avoir du poisson à volonté.

Le vivier doit être placé à portée des habitations; on doit lui donner d'assez grandes proportions, lorsque la position et les sources le permettent, comme par exemple 50 cannes (90 mètre) de longueur, sur 3 cannes (5 mètres 40 centimètres) de largeur et assez de profondeur pour que l'eau ne lui manque pas à aucune saison.

Tout autour du vivier, on plantera près des bords 52 pommiers, entre les pommiers des pruniers ; les fruits qui tombent dans le vivier serviront à nourrir le poisson qui l'habite, ceux qui tombent par terre seront mangés par les cochons de la ferme. Le poisson grossira d'une livre par année, ce qui offre une avantageuse ressource.

Les arbres fruitiers seront choisis parmi les espèces que je vais détailler en me servant des noms du pays, et dans les proportions suivantes : les pommiers plantés autour du vivier seront : huit de pomme Magdelaine, espèce très productive ; huit de pomme blanche, à gros fruit et abondant ;

huit de *mour-de-lèbre,* très productifs ;
huit de pomme-poire.

A l'entour de la maison, en tenant
compte des expositions, on plantera
des pommiers de pomme rose, dix ;
de pomme longue, dix ; de pomme
reinette, dix ; de pomme api, dix ;
de pomme d'enfer, quatre ; poiriers
de la St-Jean, quatre ; poiriers de
la Magdelaine, quatre ; poiriers de
la Saint-Barthélemy, quatre ; poiriers
doyenné, quatre ; amandiers, douze ;
cerisiers, six ; guigniers, six.

Les pruniers qu'on plantera, entre
les pommiers, qui ombrageront les
bords du vivier, seront pris parmi
les espèces suivantes : la reine claude,
le grand damas, le St-Antonin, la
prune abricot.

Pour rendre la reprise de ces arbres

assurée, il faut prendre de nombreuses précautions que je vais indiquer : la plantation doit se faire dans les mois de novembre et décembre, parce qu'à cette époque de l'année la sève n'est pas en mouvement. Les arbres doivent être extraits de la pépinière et plantés les jours que nous allons indiquer, c'est-à-dire, les 5, 13, 23 et 30 du mois de novembre, et les 10, 20 et 29 du mois de décembre; on est sûr, en prenant cette précaution, qu'ils seront vigoureux, et qu'ils produiront beaucoup de fruits.

Mais pour obtenir ce double résultat, il faut encore les planter à une assez grande distance les uns des autres, pour que les racines ni les branches ne puissent s'entrecroiser. De cette façon, ils sont mieux nourris,

leur végétation est plus énergique,
leur production plus abondante, et les
fruits plus beaux. Ils sont aussi moins
exposés à l'action malfaisante des
brouillards et de la sécheresse.

Sur les bords des rivières, là où les
terres sont sablonneuses et fraîches,
il faut planter des peupliers de la Caroline et d'Italie. Il en sera de même
sur les bords des ruisseaux et dans les
fonds des ravins.

Dans les terres un peu fortes, les
frênes réussissent parfaitement. L'é-
mondage de tous ces arbres, qui doit
avoir lieu chaque trois ans, donnera
de bons revenus, soit qu'on l'emploie
à la nourriture des animaux, ou pour
le chauffage.

Si l'on veut réussir les plantations
d'arbres, il faut observer de les placer

à des distances convenables les uns des autres ; ainsi disposés ils seront plus beaux après 20 ans, que ceux trop rapprochés, après 50 ans. La différence dans les produits est aussi bien grande pour les espèces à haute futaie ; elle est encore plus marquée pour les arbres à fruit, parce que l'on assure par ce moyen leur production annuelle.

Le long des chemins, on peut planter un grand nombre de mûriers, qui par la suite donneront de bons revenus ; ce qui arrive pour toutes ses plantations, qui au bout de 20 ans, élèvent d'une manière considérable la valeur et les revenus du domaine.

Nous parlerons aussi de la manière de planter les vignes. Le premier soin à prendre c'est le choix du plant, qui doit convenir à la nature et à l'exposition du sol qu'il doit occuper.

C'est là une opération importante, car d'elle, dépend la production et la qualité des vins. Chaque plant offre trois degrés de valeur ; sous ce double rapport on a donc à choisir entre des plants de trois qualités.

La première qualité donne beaucoup de raisins et bien fournis de gros grains serrés ;

La deuxième qualité du même plant ne produit pas autant, les raisins ayant les grains moins volumineux et moins serrés ;

La troisième qualité produit des raisins encore moins développés ; les grains ne sont pas plus gros que de la grenaille de plomb de chasse.

Les espèces qui, tous les ans donnent une grande quantité de bon vin rouge, sont les suivantes :

Le plant de Bordeaux ;

Le mauzac rouge ;

Le mauzac blanc ;

Le mourastel ;

Le bouchalés ;

Le pique-poul rosat ;

Le blancot ou redoldal ;

La grèce blanche ;

La grande négrette ;

La morterie.

Un bon fonds convient également à toutes ces qualités, mais chacune doit être plantée en particulier, afin que murissant à des époques différentes, on puisse faire la cueillette au fur et à mesure de leur maturité complète tandis que dans les plantations actuelles, les plants sont entremêlés,

ce qui met dans l'obligation de les
vendanger tous à la fois. Il résulte de
cette pratique, que tandis que certaines qualités de raisins pourrissent par
excès de maturité, d'autres qualités
ne sont pas assez mûres, ce qui nuit
au vin qui résulte de leur mélange,
inconvénient que l'on évitera sûrement
en vendangeant chaque espèce sépa-
rément.

Pour obtenir de bon vin blanc, il
faut cultiver les plants suivants :

La grèce blanche ;

Le mauzac rouge, 1re qualité ;

Le mauzac blanc, 1re qualité ;

La blanquette blanche, 1re qualité ;

Le chasselas blanc, 1re qualité ;

Le muscat blanc, 1re qualité ;

La clairette blanche, 1re qualité ;

Que l'on plantera dans les proportions que nous allons indiquer :

De mauzac rouge, un douzième ;

De mauzac blanc, un huitième ;

De blanquette blanche, un sixième ;

De chasselas blanc, un troisième ;

De muscat blanc, un quatrième ;

De clairette blanche, un deuxième ;

De grèce blanche, un deuxième ;

Au reste, pour obtenir de ces espèces, de très bons résultats en produits et en qualité, il faut les placer sur les coteaux et à l'exposition du levant, du couchant, et surtout du midi. La meilleure nature de sol est le terrain graveleux, pierreux ou boulbène blanche. Il ne faut pas espérer d'obtenir les mêmes produits de première qualité dans les terres fortes ; aussi ne doit-on établir la vigne, dans ces sortes de sols qu'à défaut d'autres terres plus convenables, et seulement pour en obtenir l'approvisionnement de la maison.

La vigne étant jeune doit être tenue à 12 pouces (33 centimètres 6 millimètres) de hauteur au-dessus de la terre, afin que les raisins ne viennent pas reposer sur le sol, et qu'ils ne pourrissent pas facilement ; et enfin pour que les gelées ne puissent leur faire autant de mal.

Comme je ne pense pas que le plus expérimenté vigneron puisse reconnaître à l'inspection des souches, la la première qualité de chaque plant, je recommanderai, pour éviter toute erreur à ce sujet, de charger un homme de confiance et capable de remarquer les souches à l'époque où les raisins mûrissent, afin que l'on s'approvisionne en temps opportun de sarments bien choisis. C'est la marche la plus simple et la plus sûre.

Il faut aussi apporter des soins dans l'exploitation des bois. Ceux dont les chênes sont rabougris, doivent être exploités chaque dix ans. Il faut répéter deux fois cette opération , et afin qu'ils poussent vigoureusement, on coupera le tronc avec la hache, ras de terre et obliquement, pour que l'eau s'écoule sans séjourner, et sans s'infiltrer dans le bois. Après la coupe, on fera déraciner avec soin, à l'aide de la pioche, tous les buissons sans distinction, qui seront placés dans les espaces laissés entre les chênes.

Sur les domaines qui manquent de bois de chêne, il est facile d'en avoir en peu de temps, soit en semant des glands , soit en transplantant de jeunes plants. Dans quinze ans on aura un joli bois, si on le soigne comme on fait des vignes.

On dispose les chênes semés ou transplantés en ligne ; les lignes doivent être espacées de 3 cannes (5 mètres 40 centimètres) de distance , et les chênes mis à six empans (1 mètre 35 centimètres) de distance les uns des autres. En établissant les bois de cette manière, et travaillant les allées et le pourtour des chênes, ils fourniront lorsqu'ils seront à l'abri de la dent des animaux , des dépaissances excellentes et produiront un gros tiers de bois de plus que ne produisent les bois existants, dans un temps donné.

La préparation du fumier mérite de nous occuper , et nous allons dire les soins que l'on doit y consacrer pour

l'obtenir abondant et de bonne qualité. Il faut employer tout le chaume
à cet effet, soit en litière, soit en le
répandant autour des fermes sur le
passage des animaux, dans le but de
ramasser leurs excréments.

Dans le temps chaud, on doit enlever le fumier des étables des bœufs
et des écuries des chevaux tous les
huit jours. Celui des bêtes à laine
chaque mois. Dans le temps froid,
les premiers ne sont enlevés que chaque quinze jours, et les autres chaque
deux mois. Au moyen de ce retard
de la haute température des étables
et du piétinement des animaux, la fermentation s'établit mieux. Ces fumiers
doivent être immédiatement chargés
sur une brouette ou sur un brancard
pour être transportés sur un espace

préparé à les recevoir. Cet emplace-
ment sera aussi près que possible des
étables. On disposera le fumier en
tas , en alternant les différentes espèces , c'est-à-dire , en plaçant une
couche de fumier de bœuf sur une
couche de fumier de cheval , et ainsi
de suite. On établit soigneusement
chaque lit en éparpillant uniformé-
ment la litière , ce qui favorise une
fermentation modérée et la rend uni-
forme. Dans trois mois les fumiers
sont assez consommés pour pouvoir
être répandus sur la terre.

Tout autour de la meule du fumier
on élevera un mur de terre assez haut
pour que le soleil et l'air n'en déssè-
chent-la surface. On laisse une échan-
crure dirigée vers les étables , elle sert
au transport du fumier et à son chan-

gement lorsque l'on doit le conduire sur les champs.

Le moment où l'on doit procéder à cette dernière opération, est celui où la fermentation est encore en activité, de telle sorte, qu'après trois mois, en introduisant la main dans un trou que l'on aura pratiqué au centre de la masse, on éprouvera une forte chaleur difficile à endurer. Au reste, le fumier consommé à moitié convient au terre-fort, on en porte seize voyages par arpent (56 ares 90 centiares).

Si l'on a quatre paires de bœufs sur le domaine, deux transportent le fumier sur les champs qui est aussitôt éparpillé par des ouvriers; les deux autres attelages labourent immédiatement le sol recouvert de fumier et l'enfouissent; de cette façon, toutes les substances utiles aux plantes sont conservées. Si contrairement à ce principe, on abandonne pendant quelques jours le fumier à la surface du sol, le soleil le dessèche, les pluies entrainent les parties solubles; il y a donc perte certaine à agir ainsi.

CHAPITRE DEUXIÈME.

—

Culture de la Boulbène.

—

§ I. — *Ancienne administration.*

Dans les terres de boulbène, un domaine de 100 arpents (56 hectares 90 ares) de terre labourable, administré par l'ancienne méthode et exploité par des colons partiaires, se divise en deux soles, c'est-à-dire, 50 arpents (28 hectares 45 ares), sont cultivés chaque année en blé, seigle ou avoine, et 50 arpents (28 hectares 45 ares) restent en jachère; de telle sorte que tous les ans on cultive 30 arpents (17 hectares 07 ares) en blé, ce qui à 6 hectolitres quittes par ar-

pent (56 ares 90 centiares), établit
180 hectolitres, dont moitié pour le
colon partiaire; il reste pour le propriétaire 90 hectolitres de blé, qui à
15 francs l'un, s'élèvent à la somme
de mille trois cent cinquante francs.
. . . .   1,350

Dix arpents (5 hectares 69
ares) sont cultivés en seigle.
Chaque arpent (56 ares 90
centiares), produit 8 hectolitres quittes, ce qui fait 80,
dont 40 pour le propriétaire,
et qui, à 10 francs l'un, se
portent à quatre cents fr...   400

Dix autres arpents (5 hectares 69 ares) sont ensemen-
cés d'avoine; chacun fournit
12 hectolitres, ce qui en
élève le nombre à 120, dont

la moitié revient au propriétaire , et qui à 7 francs l'un,
produisent quatre cent vingt
francs.   420

Total.   .   .   **2,170**

Ce que nous avons dit de la di-
sette du fermier, en parlant du terre-
fort , administré d'après l'ancienne
coutume, est de tout point applicable
à celui-ci.

§ II. — *Nouvelle administration.*

Le même domaine, pour être
rendu productif, sera divisé en quatre assolements de la manière suivante, savoir : 25 arpents (14 hectares 22 ares 50 centiares) cultivés

en luzerne ou autres fourrages arti-
ficiels, suivant la nature des terres
et leur position ; chaque arpent (56
ares 90 centiares) donnera 100 quintaux (5,000 kilogrammes) de foin sec,
ce qui fera chaque année un produit
de 2,500 quintaux (125,000 kilogrammes) qui, à 2 francs le quintal (50
kilogrammes) produiront la somme
de cinq mille fr.   5,000

25 arpents (14 hectares
22 ares 50 centiares) seront
cultivés en froment qui produiront par arpent (56 ares
90 centiares) 10 hectolitres
de blé, soit 250 hectolitres,
dont 125 pour le proprié-
taire qui, à 15 francs l'un,
rapporteront mille huit cent
soixante-quinze fr. .   .   .   1,875

Total. .   .   6,875

15 arpents (8 hectares 53 ares 50 centiares) en seigle, qui donneront 12 hectolitres par arpent (56 ares 90 centiares), en tout 180, dont la moitié pour le propriétaire, qui à 10 francs l'hectolitre, forment une somme de neuf cents fr.   900

10 arpents (5 hectares 69 ares) en avoine, qui produiront 15 hectolitres par arpent (56 ares 90 centiares), en tout 150 hectolitres, dont la moitié à 7 francs l'un, donne la somme de cinq cent vingt-cinq fr. . . .   525

Total. . .   8,300

L'ancienne administration donnait un revenu de deux mille cent soixante-dix fr. .   2,170

La différence augmentative en faveur de la nouvelle, en ne tenant compte que des grains et des fourrages seulement, est de six mille cent

trente fr.   6,130

En négligeant les 25 arpents (14 hectares 22 ares 50 centiares) de terre laissés en repos, les profits qui seront faits sur le domaine, et l'amélioration de celui-ci, les revenus de la nouvelle administration sont trois fois plus considérables.

Ainsi par exemple, on pourra y récolter en sus 150 hectolitres de colza, qui à 20 francs l'un, produiront, quitte de frais, un revenu de deux mille fr. 2,000

Voici comment on se conduira dans les boulbènes pour la préparation des terres à recevoir la luzerne : on leur donnera au moins trois façons avec la charrue, *à petites raies,* pour éviter les mottes et labourant aussi profondément que possible.

Immédiatement après chaque labour, on devra émotter avec grand soin, soit avec la herse, soit avec le rouleau à pointes de fer, afin de rendre la terre tellement meuble, qu'elle puisse passer à travers un crible à blé. Mais avant de donner la première façon, on fera une fumure de 15 à 20 charretés de fumier par arpent (56 ares 90 centiares); le fumier devra être bien consommé, et à défaut de fumier, on emploiera une quantité suffisante de bons terreaux capables de le remplacer.

Pour être certain de réussir l'établissement d'une luzernière, il faut semer la luzerne au mois d'avril, en lune nouvelle, et seule ; par ce moyen on peut être assuré qu'un arpent (56 ares 90 centiares) de terrain produira 100 quintaux (5,000 kilogrammes) au moins de fourrage sec.

Dans les boulbènes qui sont ordinairement situées dans les plaines, il faut établir des planches qui ne soient pas trop larges et en dos-d'âne, afin que les eaux puissent facilement s'écouler. Si l'humidité y séjournait la luzerne y serait de suite perdue, observation essentielle qui rend cette pratique rigoureuse.

Au lieu de vendre 2,500 quintaux (125,000 kilogrammes) de fourrage, comme je l'ai déjà dit plus haut, il faut le faire consommer sur le domaine, en engraissant des bœufs, des moutons ou des mules, ce qui donnera de grands bénéfices et le moyen de faire une grande quantité de fumier suffisante pour en employer seize voyages tous les ans sur chaque arpent (56 ares 90 centiares) de terre mise en récolte.

Quand la luzerne commencera à vieillir elle diminuera en produits; alors il faudra la faire défricher; à la suite du défrichement on obtiendra des récoltes abondantes, sans fumier, pendant trois ou quatre anneés de suite.

Mais, un an avant de défricher la

vieille luzernière, on en sème une autre de pareille contenance, afin d'avoir toujours la même quantité de fourrage.

Après les quatre époques de notre assolement, toutes les terres du domaine propres à la culture de la luzerne auront été occupées par cette légumineuse, ce qui amènera les précieux résultats que nous avons signalés en parlant de la luzerne cultivée dans le terre-fort.

L'époque des semailles des céréales dans les boulbènes doit avoir lieu dans les premiers jours d'octobre. On commence par l'avoine, puis on sème le seigle, enfin le blé, de manière à avoir terminé au 25 du même mois. On évite en suivant cette pratique les accidents dont nous avons déjà parlé.

Au reste, on doit toujours choisir pour les semailles les plus beaux grains que l'on possède, et les chan-ger chaque trois ans, en suivant les conseils que nous avons donnés. On doit aussi faire succéder les céréales entre elles de manière à ce que, après le blé, vienne le seigle, et après le seigle, l'avoine.

Quant aux proportions de grains à employer, on doit répandre, du blé, 5/4 d'hectolitre par arpent (56 ares 90 centiares) ; du seigle, 2 pugnerées 4 boisseaux (62 litres 50); de l'avoine, 5 pugnerées 4 boisseaux (87 litres 50).

Ce que nous avons déjà dit de l'a-bondance du fumier, résultant du nouveau système d'agriculture en par-lant du terre-fort, est de tous points applicable aux houlbènes ; dès que l'on obtiendra quatre cents voyages de bon fumier, répartis annuellement sur les 25 arpents (14 hectares 22 ares 50 centiares) en culture de céréales, on pourra compter sur les produits abondants et durables ; car après huit années, on aura ainsi amélioré tout le domaine, et suffisamment engraissé les terres pour les rendre fertiles.....

Dans la boulbène comme dans le terre-fort, on ne doit pratiquer les labours qu'avec le beau temps, ce qui sera toujours facile, puisque au lieu de quatre paires de bœufs que l'on entretenait, en suivant l'ancien système, on pourra en entretenir huit en suivant le nouveau. Quant à la conduite du bétail, on suivra la règle que nous avons posée précédemment,

E

c'est-à-dire , que l'on engraissera les bœufs qui seront employés aux travaux des champs, et qu'on en vendra quatre paires par trimestre , en les remplaçant au fur et à mesure de leur vente.

Les résultats de cette importante opération sont absolument les mêmes que nous avons relatés ; ils méritent toute l'attention de l'agriculture. Car, d'après mes calculs, la nouvelle administration donnera de plus que l'ancienne un produit net de quinze mille cent soixante-quatorze fr. . 15,174

Dans les terres de boulbène , on doit prendre aussi le soin de faire de nombreuses plantations d'arbres, outre les arbres fruitiers que l'on établira , soit en allées , soit autour des habitations et près du vivier ; on bordera les cours d'eau de peupliers d'Italie et de la Caroline, et de saules. Dans les terres plus fortes et moins humides, on plantera des frênes, des noyers, des ormeaux.

Le propriétaire doit veiller à ce que sur le domaine une pépinière soit soigneusement entretenue, afin qu'elle lui fournisse tous les arbres dont il voudra disposer, soit pour établir de nombreuses plantations, soit pour entretenir celles qui existent.

Les labours dans les boulbènes situées en plaine, doivent être donnés à la charrue et à petites raies, en relevant les sillons, afin que les eaux puissent s'écouler facilement.

On n'ensemencera les céréales qu'après avoir bien émotté le sol ; de cette manière la semence est convenablement répartie, car, lorsqu'on jette le blé sur un sol mal travaillé, celui qui tombe sur les mottes est rejeté dans les parties basses, ce qui établit des inégalités fâcheuses, puisque le blé manque sur certains points et se trouve trop épais sur d'autres. Les espaces vides se couvrent de mauvais herbages, ce qui n'arrive que trop souvent dans les boulbènes de la plaine, qui sont disposées à être infectées par les plantes étrangères et nuisibles.

Les terres boulbènes demandent des fumiers abondants et consommés. Il en faudrait seize charretées par arpent (56 ares 90 centiares) que l'on dépose dans le sol, comme il est précédemment établi. Mais il existe un autre moyen puissant de fertilisation, c'est le marnage ou l'emploi de la marne. Voici de quelle manière la boulbène doit être marnée.

On choisit la marne grise et pierreuse, la plus riche en calcaire, pour l'appliquer à la boulbène profonde et froide. On en emploie cent vingt tombereaux par arpent (56 ares 90 centiares) ; la durée des effets d'un tel marnage dure de 15 à 20 ans.

On applique la marne blanchâtre, mêlée de veines jaunes et un peu sablonneuse, à la boulbène qui á peu de profondeur, et qui repose sous un sol argileux ou graveleux. On en répand cent cinquante tombereaux par arpent (56 ares 90 centiares); les effet durent de 10 à 12 ans.

Afin d'activer les effets de la marne et la rendre sensible dès la première année, on doit l'éparpiller à la surface des champs et l'abandonner un mois aux influences atmosphériques.

La seconde année les effets sont plus marqués et durent tout le temps qu'elle est assez puissante pour corriger la ténacité du sol. Mais il arrive un temps où la marne est épuisée, et le sol reprend alors toutes ses mauvaises qualités; les récoltes diminuent en produits, et il faut de nouveau recourir au marnage. Seulement on en répand moitié moins que la première fois en ayant soin de fumer abondamment; on fournit ainsi aux récoltes toutes les substances qui leur sont nécessaires pour prospérer. Il faut donc rejeter comme faux ce proverbe des anciens : *que la marne enrichit le père et mine sa famille.*

Si les enfants n'ont pas retiré d'un

héritage marné les mêmes avantages que leur père, c'est qu'ils ont trop compté sur les effets à long-terme de la marne, et que la plupart se livrent aux lunes et au plaisir, et n'ont pas eu le soin de répéter cette importante opération. Comme le marnage est couteux, il faut le faire à propos, et l'appliquer à la boulbène et non aux terres fortes et agileuses. La marne empèche la boulbène de durcir et de mettre obstacle à la pénétration de l'air et de l'eau dans cette terre. Voilà pourquoi la boulbène durcit de nouveau lorsque la marne est épuisée. Le marnage est donc le meilleur moyen de corriger les terres, soit qu'on les cultive en céréales ou en vignes.

Dès que l'on aura fauché les blés et les chaumes dans la boulbène on défrichera le terrain, s'il est possible, ou tout au moins après la première pluie; c'est là une bonne pratique. On choisira sur les 25 arpents (14 hectare 22 ares 50 centiares) les quinze meilleurs, pour y cultiver le colza. Chaque arpent (56 ares 90 centiares) donnera 10 hectolitres de graine qui, à vingt francs l'un, donnent trois mille fr. 3,000

A déduire pour frais de transplantation, de sarclage et de battage. 1,000

Reste quitte deux mille fr.   2,000

Le propriétaire du domaine, dans la terre boulbène, suivra les conseils que nous avons donnés à celui du terre-fort, en plantant une grande quantité de mûriers sur les bords des champs et le long des chemins qui, par la suite, donneront de bons revenus.

En ne tenant compte que des revenus tels que nous les avons notés, tirés des céréales et du bétail, on obtiendra, en suivant le nouveau système de culture, la somme de quinze mille cent soixante-quatorze francs   . 15,174 de plus que par l'ancien, qui ne donnait que deux mille cent soixante-dix francs. . . . .   2,170 ce qui paraîtra plus qu'impossible à certains hommes étrangers à la bonne administration d'un domaine. Cependant en réfléchissant attentivement aux faits que nous avons exposés, ils reconnaitront les erreurs où ils sont tombés, et dans lesquelles les retiennent trop souvent ceux à qui ils ont accordé leur confiance.

Au reste, il n'est rien de plus difficile à trouver qu'un bon régisseur, *un homme d'affaires*, et l'on doit apporter une extrême réserve dans leur choix. Tous les jours des hommes d'état différents se présentent et se font agréer à ces titres par les propriétaires; à la vérité, ils se contentent d'un faible salaire de 200 francs par année et la table. Mais c'est là un bon marché apparent, car on n'a affaire qu'à un homme inexpérimenté qui apporte dans la direction des biens l'incapacité la plus grande. Il faut rejeter de telles gens, et penser que celui qui se charge de la direction d'un bien, doit posséder les connaissance nécessaires, acquises par une longue expérience, soutenues par la volonté de bien faire.

Les terres boulbéneuses ou graveleuses, dont tout le sol est un peu argileux, exposées au levant, au midi ou au couchant, conviennent à la vigne, surtout pour le vin blanc; on suivra, dans la plantation de la vigne les règles que nous avons exposées plus haut. Le vin blanc se vend trois fois plus que le rouge; il y a donc avantage à en avoir de première qualité. On l'obtient en cultivant les espèces suivantes dans la proportion que nous allons indiquer :

12 souches de mauzac rouge;
 8 — de mauzac blanc;
 6 — de blanquette blanche;
 6 — de muscat blanc;
 3 — de chasselas blanc;

2 — de clairet blanc;

2 — de clairet blanc ou blanquette;

2 — de bouchalès blanc ou vesparol;

Pour obtenir du bon vin rouge dans la boulbène, on plantera ainsi la vigne:

12 souches de Bordeaux;

10 — de mauzac rouge;

8 — de mauzac blanc;

6 — de mourastet noir;

6 — de bouchalès noir;

6 — de morterie noire;

4 — de piquepoul noir;

4 — de rodondal noir;

4 — de grèce blanche;

4 — de grosse negrette noire.

Dans les vignes anciennement plantées d'après la vieille méthode, l'on

peut compter sur un tiers de souches
qui manquent ou sont d'un faible rapport, tandis qu'en suivant la méthode
que j'indique, et en entretenant les
vignes avec soin, on en retire d'excellentes qualités de vin, et en abon-
dance.

Nous renvoyons tout ce qui touche
au fumier à ce que nous en avons dit
au chapitre du terre-fort. Nous rap-
pellerons seulement ici que le propriétaire doit faire tous ses efforts pour
en produire autant que possible, car
sans fumier on ne peut espérer de
belles récoltes ; c'est donc là la première ressource de l'agriculteur.

La seconde ressource applicable
aux terres de boulbène, consiste dans
l'emploi de la marne, fait avec dis-
cernement ; mais le marnage doit

avoir comme auxiliaire l'emploi du fumier , si l'on veut obtenir de très bons effets.

Enfin les terreaux offrent une troisième ressource , mais il est essentiel qu'ils soient d'un bon choix.

S'il arrivait que dans quelque partie des boulbènes trop légères, on ne pût réussir de suite la culture des prairies artificielles, il faudrait avoir recours aux *composts*, que l'on dirigerait de la manière suivante : on établit sur le sol une couche de fumier d'un empan (22 centimètres 50) d'épaisseur ; sur le fumier, on place une couche de terre d'un empan (22 centimètres 50); sur la terre, une couche de marne de deux empans (45 centimètres); sur la marne, un peu de terre ; sur la terre, un peu de chaux ;

sur la chaux, un empan (22 centimètres 50) de terre ; puis l'en recom-
mence én mettant deux empans (45
centimètres) de fumier ; sur le fumier,
un peu de terre ; puis deux empans
(45 centimètres) de marne ; sur la
marne, un peu de terre ; et enfin un
peu de chaux, que l'on recouvre de
terre.

Six mois après, ces matières sont
convenablement consommées, on dé-
molit alors la meule en l'émiettant
avec soin, afin que le mélange soit
bien exact, et on en fait de suite le
transport sur les terres, et on l'enfouit
aussi de suite à l'aide de la charrue ;
on doit donner quarante charretées
de ce terreau artificiel par arpent
(56 ares 90 centiares), aux terres légères, afin de les bonifier convenable-

ment, et d'y établir de suite des prairies artificielles, qui à leur tour viendront augmenter la fertilité du domaine. Au reste, l'agriculteur qui veut diriger ses domaines, d'après le nouveau système d'économie rurale que nous proposons, doit posséder des avances pécuniaires, qui lui permettent d'établir de grands hangards, pour y conserver les fourrages secs; produits par les prairies artificielles et naturelles. Il lui en faut pour élever des étables spacieuses, pour les premiers achats de bestiaux qu'il devra entretenir, et enfin pour diverses opérations toutes d'une haute importance ; malheureusement ce qui ferait la richesses du pays, est souvent inexécutable faute d'argent.

Voilà pourquoi l'on devrait s'occuper sérieusement de la création d'une *banque agricole*, où les propriétaires trouveraient, à un taux raisonnable, l'argent nécessaire, pour se livrer sans danger à la pratique de la bonne agriculture.

En finissant nous n'ajouterons que ce peu de mots : nous croyons qu'il n'y a rien que de très facile dans la mise en pratique des prodédés que nous avons recommandés. Le simple bon sens qui nous a conduits à les suivre, les fera adopter par tous ceux, qui veulent retirer de leurs biens, des revenus supérieurs à ceux qu'ils leur donnent en suivant la routine. Il n'est rien de ce que nous avons annoncé, qui ne soit établi sur l'expérience directe.

VITRIOLAGE DES SEMENCES (*).

—

Le vitriolage est une opération moins compliquée, plus salubre et plus facile que le chaulage, et elle n'est pas moins efficace pour préserver le blé des effets du charbon et de la carie. On remplit un cuvier à moitié d'eau et on y fait dissoudre du vitriol bleu dans la proportion d'une livre par quatre ou cinq hectolitres. Pour aller plus vite, on fait la dissolution du vitriol dans un peu d'eau très-chaude, et on la vide ensuite avec l'eau du cuvier. On remue souvent ce blé à la pelle; on enlève avec un écumoir tout ce qui surnage. Au bout de deux heures d'infusion, on retire le blé en le plaçant dans des corbeilles pour l'égoutter; on le répand très-mince dans un magasin bien carrelé et on le remue souvent. Au bout de trente-six à quarante-huit heures, il peut être employé.

Tous les autres grains peuvent être traités de la même manière.

(*) Voir page 19.

DE L'ATMOSPHÈRE TERRESTRE (*).

—

L'atmosphère terrestre est l'assemblage de toutes les substances qui sont susceptible de se former en vapeur et de conserver cet état aériforme au degré habituel de notre température. Elle est composée principalement d'air et d'eau, d'hydrogène, d'acide carbonique, d'électricité, de calorique et d'émanations animales et végétales. Leur action régulière, leurs mouvements perturbateurs produisent le calme ou amènent des différents météores, tels que les vents, la pluie, l'orage, la grêle, etc. C'est à ces causes que sont aussi dûs les phénomènes qui produisent les variations fréquentes dans l'atmosphère, variations qui exercent sur la vagétation et l'économie rurale une si grande influence.

Il serait bien important sans doute pour les cultivateurs d'avoir des moyens sûrs de prévoir ces variations ; ce besoin en a produit le désir, et ce dernier sentiment est plus que tout autre motif la cause de la puissance que de tout temps

(*) Voir page 40.

on a voulu attribuer à l'action de la lune sur
notre atmosphère. Car il eût été bien commode,
au moyen d'une table de points lunaires, rédi-
gée à l'avance, de prévoir la physionomie fu-
ture d'une année, d'un mois, d'un jour, et de
pouvoir se mettre en mesure de profiter des
changements heureux, comme se précautionner
contre les événements funestes. Aussi des sa-
vants même distingués ont-ils proclamé haute-
ment le dogme de cette influence, mais insen-
siblement et à mesure que la science a fait des
progrès et qu'une expérience froide et raisonnée
a été appelée à juger ce système, la foi qu'il
inspirait a été successivement ébranlée, comba-
tue, à peu près abandonnée enfin comme inex-
plicable en théorie et sans certitude dans la pratique.

En effet, pour que la lune concourût à la production des météores qui modifient l'état de
l'atmosphère, il faudrait qu'elle en changeât la
température ou qu'elle lui imprimât un mouvement. Il est prouvé que le premier effet ne
saurait avoir lieu; les rayons de la pleine lune
réunis au foyer d'un grand miroir concave n'ont
pas fait monter un termomètre placé à ce foyer.
A l'égard des mouvements de l'air dûs à l'action

de la lune et qui doivent être analogues à ceux
de l'océan dans les marées, les différences qui
tiennent à l'élasticité de l'air et à son peu de
densité comparativement à celles de l'eau, ont
établi par un calcul rigoureux que les grandes
marées de l'atmosphère produisent à peine une
demi-ligne de variation sur la hauteur du mercure dans le baromètre, et son par conséquent
bien éloignées de répondre aux grands changements que subit cette hauteur dans le cours de
l'année.

Sans doute il arrive fréquemment que des
changements dans l'atmosphère coïncident avec
des points lunaires : et comment cela pourrait-
il être autrement, puisque sur les vingt-neuf
jours de la révolution de la lune il y a néces-
sairement dix points, savoir quatre phases, deux
lunistices, deux équinoxiales, deux zysygies, et
en donnant seulement deux jours à chaque point,
vingt jours sur vingt-neuf? On ne saurait donc
rien conclure des concordances partielles qui
peuvent avoir lieu. De plus, des observations
récentes et prolongées ont accru l'incertitude que
les gens raisonnables éprouvaient déjà, et qui-
conque voudra en faire pendant quelque temps
sans prévention et sans préjugé, se convain-

cra par lui-même du peu de crédibilité de cette hypothèse.

Il en est de même et plus encore de l'influence directe que le vulgaire attribue à la lune sur la végétation, et des règles établies d'après cette donnée pour semer, récolter, couper, tailler, etc. Dans les grandes exploitations, ces travaux sont longs ; dès qu'ils sont commencés, il faut les terminer sans désemparer, et alors ils se font sous tous les points lunaires. On n'a pas cependant constaté qu'il y eût de différence dans les effets subséquents, attribuables à l'influence des points lunaires. Rien n'oblige donc à ajouter de nouvelles entraves à celles qui nous sont déjà imposées par la nature ; et il y a même du danger, puisqu'en attendant l'arrivée du point lunaire requis on peut perdre un temps précieux et essuyer des pertes très-réelles.

Mais à défaut de ces prévisions, n'y a-t-il absolument aucun moyen de prévoir les changements de temps et les variations futures de l'atmosphère ? Si on demande des moyens exacts, sûrs, mathématiques, la réponse n'est pas douteuse, il n'y en a pas. Si l'on veut se contenter de moyens approximatifs et doués d'une pro-

babilité plus ou moins grande, il y en plusieurs,
il y en a de diverses natures, lesquels, com-
binés ensemble, peuvent avoir souvent un degré suffisant de certitude. C'est ce que l'on ap-
pelle les pronostics. ils se tirent, soit du baromètre, soit de l'état visuel de l'atmosphère, soit
de l'état visuel de l'atmosphèro, soit de celui
de certains animaux et corps inanimés.

ÉCURIES OU ÉTABLES (*).

Lorqu'une écurie ou étable aura renfermé des
animaux infectés de maladies contagieuses, il
faut, avant d'en mettre de nouveaux, en enlever
tous les fumiers, les ustensiles, en ôter les toiles
d'araignées, on lavera à grande eau et avec un
balai rude les murs, les planches, les fenêtres,
le pavé, les auges ou crêches, les rateliers, etc.
Si l'étable n'est pas pavée, on enlèvera une couche de terre que l'on emportera dans les champs,
en la remplaçant par d'autre tirée de plus loin.

On lavera, on brossera ou on passera au feu
tous les ustensiles, tels que jougs, chaînes, an-

(*) Voir page 40.

neaux, longes, fourches, pelles, sceaux, brouettes, civières, ou on brûlera ceux qui ne vaudraient pas la peine d'être conservés.

On fera boucher soigneusement tous les trous de rats, de souris et de chats.

Après ces préliminaires, on fera la fumigation suivante :

On ferme exactement les fenêtres, les portes, et toutes les issues, hors une seule ; on met dans un vase de terre vernissé, posé sur un réchaud allumé, trois onces de sel commun et deux gros d'oxide noir de manganèse en poudre ; on verse dessus deux onces d'huile de vitriol étendue dans moitié son poids d'eau : on se retire sur-le-champ et on ferme la porte. On n'entre dans l'étable que quelques heures après.

POURRITURE DES MOUTONS (*).

—

Cette maladie terrible, qui ruine souvent les troupeaux les plus beaux, les mieux soignés d'ailleurs, a pour cause principale les effets des gaz délétères qui s'échappent des pâturages gras et

(*) Voir page 40.

humides, un excès de nourriture après une diète plus ou moins longue, les vicissitudes des saisons, l'usage des fourrages avariés, le manque d'air dans les étables ou écuries. etc. On voit donc que presque toujours elle provient de fautes d'hygiène dans les soins que l'on donne aux animaux. Des volumes ont été écrits sur cette maladie; mais, resserrés par notre cadre, nous allons présenter en peu de mots les prescriptions que nous trouvons dans un excellent mémoire de M. Fauré, habile vétérinaire.

« Ce qui a été dit des causes de la maladie, indique assez les moyens préservatifs à employer pour l'éviter. Si néanmoins on voit dans les animaux l'œil se tuméfier, il faut sur-le-champ remplacer le régime vert par la nourriture sèche et humectée celle-ci d'eau salée.

Si à ce premier symptôme se joignent l'engorgement au frein de la langue, la pâleur des gencives, la tristesse de l'animal, il faut lui faire prendre tous les jours un verre d'une tisane compliquée d'une once de gentiane et d'une once d'écorce de chêne, bouillies dans trois litres d'eau jusqu'à réduction d'un sixième, et dans laquelle on fera dissoudre deux onces de sel commun; ces doses doivent suffire pour quatorze ou quinze bêtes. Si l'on préfère administrer le remède en sec, on donnera à chacun un gros et demi de ces substances en poudre, et un gros de sel mêlé avec du son ou de l'avoine.

Mais si la maladie est plus avancée, et que la tuméfaction de la ganache se manifeste, on ajoutera au breuvage que nous venons d'indiquer, et l'on administrera tous les soirs ce'oi-ci que l'on donnera tous les matins et dont la dose indiquée suffit aussi pour quatorze ou quinze moutons.

Ecorce de chêne et racine de gentiane coupées par tranches, de chacune une once et demie, faites bouillir dans trois litres de vin pendant un quart d'heure ; ajoutez deux onces de sel commun, une once de vitriol vert et une once et demie de sel ammoniac. On donnera ces deux remèdes ensemble pendant cinq ou six jours, ensuite on continuera le premier *seul*, pendant le même espace de temps, ce qui suffit ordinairement pour amener une complète guérison.

CONSERVATION ET MANIPULATION DES VINS (*).

—

Une température aussi constamment égale que possible est la condition la plus essentielle d'une bonne cave; c'est pour l'obtenir qu'en général on les enfonce dans la terre. Cependant lorsque le sol est humide, qu'il contient des infiltrations d'eau, cette situation n'est pas convenable. Ce sont les variations de l'atmosphère qui occasionnent une bonne partie des accidents qui arrivent au vin.

Une autre condition n'est pas moins importante; c'est la bonne qualité des tonneaux; mais il ne suffit pas d'en avoir d'excellents, il faut les entretenir en bon état; une précaution indispensable et d'un usage journalier est de les conserver dans une parfaite propreté, et de neutraliser constamment les principes acétiques que le meilleur vin renferme toujours; pour cet effet, dès qu'un tonneau est vide, il faut le laver avec soin à l'eau fraîche et y brûler une

(*) Voir page 52.

mèche soufrée. Lorsque l'on veut s'en servir de nouveau, il faut réitérer la même opération; on peut aussi, dans ce cas, employer un litre d'eau salée et bouillante ou de vin chaud. Si l'on craint que l'emploi réitéré du soufre n'altère la couleur du vin, on peut, comme on le pratique à Cette, y suppléer par l'emploi d'une petite quantité d'eau-de-vie que l'on jette au fond du tonneau vide, et qu'on allume à l'aide d'un cordon enflammé, en bouchant en partie, avec la main, la bonde jusqu'à combustion complète. Si les parois intérieures sont couvertes d'une mousse blanche, on le rince en y mettant six ou huit litres d'eau dans lesquels on a fait dissoudre un peu de chaux vive. On emploie cette eau de chaux sur-le-champ, avant qu'elle soit refroidie. On ne parle pas des soins ordinaires de reliage, et des changements à faire de douves, et de fonds pourris, gâtés ou détériorés.

On doit visiter souvent la cave, surtout les vins blancs et les vins nouveaux, même les vins vieux, pendant le mois qui précède ou qui suit les équinoxes, époque à laquelle ils se mettent ordinairement en fermentation secondaire. Le voisinage d'autres matières ou liquides en fermentation, la présence de personnes malsaines ou affectés de certaines maladies périodiques, excitent aussi souvent cette fermentation. Les signes qui l'annoncent sont, l'odeur que répandent les tonneaux, la force avec laquelle la liqueur sort quand on la tire, et une sorte de champignon glutineux qui se forme autour de la bonde et des parties les plus poreuses du tonneau, il faut alors pratiquer près de la bonde un trou de foret dans lequel on place un fausset à tête qui y entre librement et qui laisse échapper les gaz délétères que la liqueur renferme. On visite fréquemment les tonneaux, et si la fermentation venait à s'accroître assez pour que le vin s'échappât par cet orifice, il faudrait en tirer quelques bouteilles, ou le soutirer dans un vaisseau fortement soufré.

On doit avoir le soin d'ouiller les tonneaux de vin nouveau, d'abord tous les jours, puis de huit en huit jours ; enfin chaque mois seulement. Si des fleurs se manifestent, il faut soutirer le tonneau, en plaçant un peu de gaze ou de crêpe au-devant de la cannelle pour arrêter les fleurs au passage.

Les vins nouveaux doivent toujours être soutirés après la fin de la fermentation insensible.

Les mois de février et de mars sont les plus favorables à cette opération.

Lorsque l'on verse du vin dans un tonneau soufré, il faut commencer à le remplir aussitôt que l'on a retiré la mèche : le vin éprouve mieux l'effet salutaire de l'acide sulfureux et ne prend pas de goût désagréable.

Pour clarifier et coller les vins, on les fouette avec un bâton fendu ou un fouet, après y avoir préalablement jeté des blance d'œufs frais battus, au nombre de quatre par demi pièce de vin ou deux hectolitres. On remplace cet albumen avec avantage par les poudres de Jullien. Le nº 1 de ces poudres sert au collage des vins rouges, le nº 2 à celui des vins blancs : on les emploie à la dose de 10 grammes ou 2 gros 1/2 par pièces de 200 litres ou de 60 pégas de Toulouse, ce qui réprésente l'effet de quatre blancs d'œufs. Si l'expérience avait appris qu'il faut une plus grande quantité de ces derniers, il faudrait mettre les poudres dans une proportion analogue.

Mais le vin est sujet à des maladies quelquefois indépendantes des soins qu'on lui donne : ce sont principalement la graisse, l'aigre, la pousse, le jaune, la gelée, l'évent, le fût et la moisissure.

1° La graisse affecte principalement les vins blancs; ils perdent de leur fluidité et filent comme de l'huile. On les colle fortement et on y ajoute une once d'alun par pièce; puis, après le repos, on soutire, et si cette opération n'est pas complète, on la réitère. Les vins gras en bouteille se corrigent par l'âge, et sont même meilleurs qu'auparavant;

2° L'aigre. Pour rétablir un tonneau de vin aigre, on y introduit des cailloux, lavés et séchés au soleil, en quantité suffisante pour remplir trois doigts du fond, on roule le tonneau et on le soutire au bout de huit jours, en ayant soin que la cannelle soit placée au-dessus du niveau des cailloux. Si la pièce n'est que légèrement accidulée, on souffle par la bonde avec un soufflet de cuisine pour en expulser l'air corrompu; on brûle dans cette partie une mèche soufrée, et on applique de la mie de pain chaud ou un gâteau chaud de farine de seigle, sur la bonde, de manière qu'elle la ferme bien; quand elle sera refroidie, on soutirera le vin dans un tonneau bien souffré.

Si le goût aigre est bien prononcé, on jette toutes brûlantes, dans une demi pièce de 200 litres, quarante noix, torréfiées comme du café;

on donne en même temps un double collage, on agite bien le tonneau, et on le soutire six heures après, chaque dix noix peuvent être remplacées par une once de froment grillé;

3° La pousse ou l'échauffement. Lorsqu'un vin est échauffé, il devient trouble, il prend une teinte noirâtre et une saveur fade et désagréable. C'est une fermentation secondaire et très vicieuse à laquelle il faut donner cours comme à toute fermentation de cette nature. Il faut aussi soutirer dans un tonneau fortement soufré, et quelques jours après fouetter avec six blancs d'œufs ou quinze à vingt grammes de poudre n° 1 ou 2, suivant la couleur, et soutirer de nouveau. On conseille aussi, soit de rafraîchir le vin, en descendant dans le tonneau une fiole de mercure bien bouchée, soit d'y faire infuser pendant dix ou douze jours des morceaux d'écorce d'orange lardés de clous de girofle, et enfilés dans une ficelle qui sert à les retirer. On peut aussi, quand on en a, y jeter de la glace.

4°. Le jaune. C'est une maladie des vins blancs qui force leur couleur et détériore leur goût. On peut les rétablir en les soutirant dans un tonneau bien soufré, puis les fouettant avec une dose de la poudre n° 2, dissoute dans une pinte de bon lait et autant de colle de poisson préparée, mais il est bon de boire ce vin de suite. On ne parle pas des vins qui jaunissent en vieillissant, dont la qualité n'est pas altérée, et auxquels il faut bien se garder de toucher.

5° Les vins gelés n'en sont que meilleurs quand on les soutire dans cet état, puisqu'on les débarrasse de leur eau surabondante. S'ils dégèlent dans le tonneau, et deviennent troubles, il faut les soutirer dans des tonneaux bien soufrés, en y ajoutant un demi-litre d'esprit de vin par pièce.

6° On fait de même pour les vins éventés, et si le goût d'évent est très fort et que l'on ait à sa disposition de la lie fraîche de vin ou provenant d'un premier soutirage, on en mêle au vin éventé dans la proportion d'un sixième : l'on remue ce mélange pendant trois ou quatre jours, on soutire encore, et on met en bouteille, après vingt à trente jours de repos.

7° Le goût du fût se corrige, soit par l'addition de dix litres d'eau de chaux en le roulant tous les jours pendant dix ou douze jour, soit en suspendant dans le tonneau une grosse carotte cuite, soit en y plaçant de la même manière, et pendant six heures seulement, un nouet où l'on aura placé une livre et demi de froment torréfié et chaud. Il est entendu qu'après toutes ces manipulations il faut soutirer; mais il est rare que le vin fûté soit assez bien rétabli pour être consommé autrement qu'en mélange.

8° On tâche de corriger le vin *moisi* en y faisant infuser, après qu'il a été soutiré, deux onces de noyaux de pêche pilés.

Le tirage en bouteille est une opération si simple, qu'elle n'a pas besoin d'être décrite. Il faut coller et fouetter les vins qu'on veut tirer, quatre ou cinq jours avant cette opération; s'il est question de vins fins et qui doivent se conserver longtemps dans la cave, il faut exiger une grande limpidité; et alors, pour peu que le liquide ne soit pas parfaitement clair, il faut le coller de nouveau et le soutirer dans un autre tonneau.

On ne doit soutirer le vin ni dans un temps d'orage ni lorsque souffle le vent d'autan : les époques de la pousse de la vigne, de la floraison et de la maturité du raisin ne sont pas non plus favorables, à cause de la fermentation insensible qu'elles provoquent toujours.

Il faut, autant que possible, choisir des bouteilles de même modèle; elles se rangent mieux :

ces bouteilles doivent être de bonne qualité, et si elles ont servi, bien rincées au plomb ou à l'eau de lessive. Le choix des bouchons n'est pas moins important. Il est bon de conserver une saillie au-dessus du col de la bouteille. Lorsque le vin est destiné à êrre gardé longtemps, il faut goudronner les bouchons. On fait du goudron pour 300 bouteilles avec deux livres de résine, une livre de poix de bourgogne, une demi-livre de cire janne et un quarteron de mastic rouge.

On peut aussi le composer avec deux livres de galipot, une livre de résine et un quarteron de cire vierge, et on y mêle soit une once et demie de vermillon pour le faire rouge vif, soit de l'ocre rouge pour un rouge foncé, soit du noir d'ivoire pour le faire noir, soit de l'orpin jaune, soit du bleu de prusse, soit un mélange de ces deux substances pour le faire vert. On fait encore de bon goudron avec quatre livres de poix ce Bourgogne, deux livres de poix résine et un peu de suif, que l'on colore comme les précédents. Lorsque l'on fait réchauffer le goudron, on y ajoute un peu d'eau pour qu'il ne noircisse pas.